AF369969

SOCIÉTÉ HISTORIQUE,
ARCHÉOLOGIQUE ET SCIENTIFIQUE
DE SOISSONS.

RECHERCHES

DANS LES

SABLES TERTIAIRES

DES

ENVIRONS DE SOISSONS,

Par M. Ad. WATELET,

Officier d'Académie, Membre de la Société.

FASCICULE. 11.

LAON.

IMPRIMERIE DE ÉD. FLEURY ET AD. CHEVERGNY,

Rue Sérurier, 32.

1853.

DEUXIÈME NOTICE

LUE A LA SOCIÉTÉ HISTORIQUE, ARCHÉOLOGIQUE
ET SCIENTIFIQUE DE SOISSONS,
EN JANVIER 1853.

Le premier travail que nous avons donné sur les environs de Soissons exprimait cette opinion qu'il serait utile que, dans tous les arrondissements de France, on fît une collection des fossiles rangés suivant l'ordre des terrains avec un soin tout particulier et une méthode sévère. La connaissance de tous les fossiles qui sont déposés dans un étage présente en effet à la science un intérêt incontestable. En cataloguant toutes les espèces qui en composent la faune, on établit la différence des étages qui se superposent, et on donne les éléments pour établir une classification des terrains qui, un jour, réunira le suffrage de tous les géologues. La synonymie qui n'est le fruit que d'une science incomplète disparaîtra alors, ce qui simplifiera considérablement les études géologiques.

La détermination des espèces peut aussi aider à la solution d'une question fameuse qui divise en ce moment les savants : celle des analogues vivants et fossiles. Une autre théorie peut aussi avoir à gagner à une étude approfondie des étages, celle que M. Alcide d'Orbigny a émise, et qui consiste à considérer comme étages contemporains ceux qui contiennent les mêmes fossiles à quelque distance que soient placés ces terrains, quels que soient d'ailleurs leurs caractères minéralogiques. Prenons un exemple qui intéresse notre localité : M. Alcide d'Orbigny considère comme appartenant au même étage « l'argile plastique, les lignites et les sables inférieurs glauconieux du bassin parisien, placés au-dessous de la zone à *nummulites lævigata* du bassin de Paris ; le calcaire à nummulites de Royan, des bords de l'Adour, de la chaîne des Pyrénées et de Biaritz dans le bassin pyrénéen ; le calcaire d'eau douce des montagnes Noires, d'Orgon, de Vitrolles ; les terrains nummulitiques du Vit, près de Castellane, de la Fontaine du Jarrier, près de Nue, et de presque tous les terrains nummulitiques du monde. » C'est cette opinion qui a amené M. Alcide d'Orbigny, et non M. Ch. d'Orbigny, comme je l'ai écrit par erreur, à créer la dénomination de terrain Suessonien.

Nous ne prenons parti ni pour cette théorie, ni pour celle qui lui est contraire, notre opinion n'aurait aucun poids à côté de celle des hommes de cet ordre ; nous apportons modestement quelques matériaux à la science que les savants seuls peuvent édifier.

Depuis longtemps, nous recueillons les fossiles de l'arrondissement ; notre exemple a été suivi : quelques personnes ont fait des fouilles, notamment plusieurs des élèves du séminaire de Soissons qui ont rivalisé de zèle soit pour enrichir le catalogue de la localité que nous espérons donner bientôt, soit pour fournir à la science des éléments nouveaux. Nous devons à leurs persévérantes recherches et à leurs bienveillantes communications la connaissance d'un bon nombre des coquilles qui font l'objet du présent mémoire. Nous nous plaisons à le reconnaître et à leur en exprimer notre reconnaissance.

Plusieurs des faits cités dans notre premier travail semblent avoir été mis en doute par les géologues, par exemple la présence dans le bassin de Paris de la cléodore parisienne qui est, nous pensons, identique avec l'espèce que l'on trouve à Bordeaux. Lorsque les localités que nous avons signalées dans nos environs auront été étudiées avec soin par d'habiles observateurs, on reconnaîtra que non-seulement cette petite coquille se trouve à Acy, près de Soissons, mais qu'elle y est même assez commune. Nous réservons les publications des observations que nous avons faites sur ces localités, pour un travail subséquent qui accompagnera le catalogue du Soissonnais. Nous nous bornons aujourd'hui à donner la description des fossiles qui nous ont paru inédits jusqu'à ce jour.

Descriptions.

XVIII.

Gastrochène biparti. *Gastrochena bipartita*. Wat.

Pl. 1, fig. 1, 2.

Localité : MERCIN.

Cette coquille, ainsi que son nom et sa figure l'indiquent, semble être composée de deux parties séparées par un fort pli ; elle est transverse et très-inéquilatérale. Les stries d'accroissement dont la surface est marquée suivent une marche toute particulière : la figure en donne une idée plus exacte que ne le ferait la description. La partie surajoutée est bombée et porte en son milieu un sillon creux et assez large. La charnière est sans dents, les crochets assez forts et la coquille fort bâillante. Longueur 8 millimètres, largeur 3.

XIX.

Mactre de Laon. *Mactra Laudunensis*. Wat.

Pl. 1, fig. 3, 4 et 5.

Localité : MERCIN.

Ce genre est peu nombreux en espèces fossiles aux environs de Paris. Celui qui nous occupe a son test subtrigone, équilatéral et assez bombé ; les crochets sont à peine saillants. Le bord antérieur est un peu sinueux et l'inférieur fortement arrondi. La charnière est composée d'une petite dent cardinale en forme de V et de deux dents latérales dont l'antérieure est assez saillante. La fossette du ligament est grande, triangulaire et profonde. La surface de cette coquille est striée irrégulièrement, surtout inférieurement, et presque lisse vers les crochets. Longueur 39 millimètres, largeur 23.

XX.

Donace presque lisse. *Donax sublævis*. Wat.

Pl. 1, fig. 10, 11 et 12.

Localité : MERCIN.

Coquille mince, cunéiforme et aplatie dont le côté postérieur est très-court et forme un angle presque droit avec le bord antérieur. Sa surface présente des stries d'accroissement assez fortement marquées entre lesquelles on en distingue d'autres très-fines et peu serrées. La charnière très-étroite porte, sous les crochets non saillants, deux dents cardinales divergentes et deux dents latérales dont la postérieure est fort courte. La nymphe est petite et peu saillante. Cette espèce est la plus grande des environs de Paris. 31 millimètres de longueur et 22 de largeur.

XXI.

Cythérée de Soissons. *Cytherea Suessionensis*. Desh.

Pl. 1, fig. 6, 7, 8 et 9.

Localités : SERMOISE, VAUXBUIN.

Cette espèce que nous avons communiquée à **M.** Deshayes se distingue immédiatement de ses congénères par la surface de son test qui est entièrement couverte de stries très-régulières, fines et serrées. La coquille est ovale, oblongue, subéquilatérale, assez bombée et très-mince ; les crochets sont petits, peu saillants et un peu recourbés vers la lunule. Celle-ci est petite, lancéolée et marquée de stries plus fortes que celles du reste de la coquille. La charnière est portée par une lame cardinale peu épaisse et étroite ; elle présente sur la valve droite trois dents cardinales dont l'antérieure est la plus petite. La dent latérale est assez forte et proéminente. Longue de 26 millimètres, large de 31.

XXII.

Pétoncle ovale. *Pectunculus ovatus*. Wat.

Pl. 1, fig. 13, 14 et 15.

Localité : POMMIERS.

Ce pétoncle est plus allongé que tous ses congénères et médiocrement bombé ; les crochets sont petits et assez saillants au-dessus du bord. La surface ne présente que des côtes à peine sensibles, mais on y remarque un grand nombre de stries d'accroissement qui les coupent et forment un treillis fin et régulier. La charnière est plate et large et porte deux séries de dents qui diminuent rapidement à mesure qu'elles s'éloignent des crochets ; elles sont vers le milieu petites et presque insensibles. L'espace compris entre les dents sériales est un plan oblique comme dans la pétoncle térébratulaire, mais les crochets sont moins écartés. Les crénelures du bord inférieur sont fines et se continuent de part et d'autre jusqu'aux dents. Longueur 56 millimètres, largeur 32.

XXIII.

Pétoncle mince. *Pectunculus tenuis.* Desh.

Pl. 1, fig. 16, 17, 18 et 19.

Localités : SERMOISE et VAUXBUIN.

Cette coquille que nous avons communiquée à M. Deshayes, et à laquelle il a donné le nom d'espèce es en effet fort mince, grande, très-peu bombée et presque ronde. La surface présente un réseau très-fin produit par les stries divergentes qui partent du sommet et celles qui sont parallèles au bord. La charnière est étroite ; on y remarque une série de dents assez écartées et peu proéminentes. La surface du ligament est étroite et ne porte pas de stries, et le bord inférieur est à peine crénelé. Les échantillons que nous avons vus sont silicifiés comme toutes les coquilles de Sermoise. Quelques individus atteignent une dimension plus considérable que celle de la figure.

XXIV.

Parmaphore des sables. *Parmaphorus arenarius.* Wat.

Pl. 2, fig. 5 et 6.

Localité : MERCIN.

Deux espèces de ce genre ont déjà été décrites dans l'ouvrage de M. Deshayes, et nous en avons fait figurer une troisième. Ce parmaphore se distingue des autres en ce qu'il est toujours de plus petite taille ; il est marqué de stries légères, concentriques et nombreuses qui sont traversées par d'autres qui partent du sommet et en tout aussi grand nombre. Le sommet est plus central que dans les espèces connues. Toute la coquille est d'une grande ténuité, c'est ce qui fait qu'on la rencontre rarement. La figure donne une idée exacte de son profil et de ses ornements. Longueur 7 millimètres, largeur 2.

XXV.

Mélanopside en ovule. *Melanopsis ovularis.* Desh.

Pl. 2, fig. 18 et 19.

Localité : MERCIN.

Cette espèce est ovale, oblongue et complètement lisse. La spire qui n'a qu'un petit nombre de tours n'occupe qu'une très-faible partie de la coquille, et le dernier tour en forme la presque totalité. Ils sont unis par une suture simple. L'ouverture est ovulaire, échancrée à la base et moitié aussi longue que la coquille; elle est terminée supérieurement par un canal étroit qui se prolonge presque jusqu'au sommet. La columelle est un peu torse et chargée d'une callosité assez considérable. Le bord droit est mince et tranchant.

Les échantillons que nous possédons semblent avoir conservé un reste de coloration primitive. La surface est luisante et d'un jaune de café. Longue de 14 millimètres, large de 8.

XXVI.

Littorine élégante. *Littorina elegans.* Wat.

Pl. 2, fig. 1 et 2.

Localités : SERMOISE et VAUXBUIN.

Petite coquille ventrue dont la surface est couverte

de stries transverses très-fines et très-régulières. Les tours de la spire au nombre de quatre sont convexes et séparés par une suture simple ; le dernier est globuleux et constitue à lui seul presque toute la coquille. L'ouverture est ronde et le bord droit tranchant. Le péristome est sur un plan incliné à l'axe. Longueur 3 millimètres, largeur 2 1/2. Echantillon silicifié.

XXVII.

Natice entonnoir. *Natica infundibulum.* Wat.

Pl. 2 , fig. 7, 8 et 9.

Localité : MERCIN.

Cette coquille se distingue à la première vue des autres espèces de son genre. Elle est d'assez petite taille, se rapproche un peu pour la forme générale d'un sigaret, et toute la surface est couverte de stries d'accroissement nombreuses et régulières. La spire peu saillante compte quatre ou cinq tours dont le dernier occupe toute la coquille. La suture est simple quoique un peu ondulée. L'ombilic très-large et fort évasé forme une espèce d'entonnoir.

L'ouverture est grande et semi-lunaire, et se termine supérieurement par un canal très-ouvert. Le bord droit est tranchant et le bord gauche forme une callosité en se renversant un peu sur l'ombilic. Longueur et largeur 13 millimètres.

XXVIII.

Scalaire céritiforme. *Scalaria cerithiformis.* Wat.

Pl. 2, fig. 3.

Localité : MERCIN.

Cette scalaire d'assez petite taille est allongée, turriculée, étroite et pointue. Les cinq ou six tours de la spire sont convexes et séparés par une suture simple. On remarque sur leur surface huit stries transverses, saillantes, régulièrement espacées et traversées par un grand nombre d'autres stries saillantes aussi qui les coupent à angle droit, et déterminent ainsi une multitude de petits rectangles fort réguliers. A la partie inférieure du dernier tour, on distingue une strie transverse en p'us qui sépare une surface aplatie couverte d'un réseau de stries beaucoup moins saillantes. La bouche est arrondie et le bord droit tranchant; le gauche se réfléchit un peu de manière à modifier un petit ombilic qu'on voit près du péristome.

Nous ne connaissons que l'individu de notre collection; il a 8 millimètres de long et 3 de large.

XXIX.

Scalaire à côtes nombreuses. *Scalaria multicincta*. Wat.

Pl. 2, fig. 4.

Localité : MERCIN.

Cette petite coquille si élégante est turriculée et un peu ventrue. La spire forme cinq ou six évolutions et chaque tour porte un grand nombre de côtes longitudinales, fortes et très-saillantes. Ils sont fort convexes et séparés par une suture simple, mais modifiés par les côtes ; le dernier est globuleux. L'ouverture est circulaire et bordée par un bourrelet arrondi. La figure donne une idée parfaite de cette jolie coquille. Elle a 5 millimètres de long sur 3 de large.

XXX.

Pleurotome à deux carènes. *Pleurotoma bicarinata*. Wat.

Pl. 2, fig. 10 et 11.

Localité : SERMOISE.

Ce pleurotome forme deux cônes allongés et opposés

base à base. La spire est composée de huit tours dont
le dernier occupe la moitié ou environ de la coquille ;
chacun d'eux porte sur leur milieu une forte carène et
une beaucoup plus petite qui couvre la suture. Cette
petite carène devient sur le dernier aussi grosse que
l'autre ; la surface qui est au-delà est couverte de stries
transverses, fines et nombreuses. L'ouverture est tra-
pézoïdale et se termine postérieurement en un canal
étroit et assez long. Le bord droit muni supérieurement
d'un sinus en demi-cercle est tranchant et assez petit.
La columelle est à peine cintrée. Long de 16 millimètres,
large de 6.

XXXI.

Turbinelle ornée. *Turbinella ornata*. Wat.

Pl. 2, fig. 17.

Localité : Mercin.

Cette coquille si élégante à cause de sa forme et de
ses ornements nous a laissé dans le doute sur son véritable
genre, et ce n'est qu'avec hésitation que nous la rapportons aux turbinelles. Elle est petite et présente
dans sa forme générale deux cônes, l'un formé par la
spire, l'autre par le canal qui est fort long et une partie
du dernier tour. On remarque sur chaque évolution deux
nervures transverses qui sont carrées et fort saillantes,
et d'autres nervures longitudinales régulièrement espacées et qui couvrent la surface de chaque tour en
en suivant tous les accidents. On remarque auprès de
la suture linéaire une troisième nervure étroite et peu
saillante. La columelle torse porte des plis dans toute
sa longueur et le bord est vraisemblablement tranchant.
Cette rare coquille est un peu mutilée, ce qui ne
permet pas d'en faire sûrement une description plus
complète. 7 millim. de long, 5 de large.

XXXII.

Cancellaire diadème. *Cancellaria diadema*. Wat.

Pl. 2, fig. 12.

Localité : CHERY-CHARTREUVE. Calcaire grossier.

La cancellaire diadème est une coquille ovale, oblongue, turriculée et très-pointue, dont la surface est couverte de côtes assez fortes et très-régulières. La spire se compose de six tours non convexes et un peu en escalier dont le dernier tour occupe la moitié. Les tours sont séparés par une suture simple, mais fortement modifiée par le haut des côtes qui y forment une suite de crénelures. L'ouverture est ovale et versante à la base. Le côté droit est bordé en dehors par un bourrelet plus épais que les côtes ; au dehors on remarque une suite de tubercules arrondis et empatés. Le côté gauche est formé par un petite lame qui se continue sur tout le pér stome. La columelle est chargée inférieurement de trois plis obliques et supérieurement d'une callosité en forme de pli. L'ombilic n'est pas apparent. Long de 25 millimètres, large de 7.

XXXIII.

Rostellaire à côtes inégales. *Rostellaria inæqui costata*. Wat.

Pl. 2, fig. 13 et 14.

Localité : SERMOISE.

L'échantillon étant incomplet, ce n'est qu'avec doute que nous le rapportons à ce genre ; de nouvelles recherches dans la riche localité où nous l'avons trouvé éclairciront ce qui reste d'incertain. Cette coquille est turriculée, assez allongée et pointue au sommet. Sa surface est couverte de côtes assez fortes et inégales qui sont traversées par un grand nombre de stries ponctuées, ainsi que l'indique la figure 14. La spire compte huit ou neuf tours dont le dernier est globuleux et les autres médiocrement convexes. La columelle est un peu cintrée à la partie supérieure. Quant aux caractères de la bouche elle est trop mutilée pour les laisser deviner. Longueur 46 millimètres, largeur 20.

XXXIV.

Buccin aigu. *Buccinum acus.* Wat.

Pl. 2, fig. 15 et 16.

Localité : MERCIN.

Coquille ventrue et très-mince dont la surface est marquée de stries d'accroissement nombreuses et irrégulières, et chargée de stries transverses, mais seulement sur la partie supérieure de chaque tour et à la base du dernier. La spire fait cinq ou six évolutions ; le dernier tour en occupe environ les deux tiers. L'ouverture est ovale et terminée inférieurement par un petit canal. La columelle un peu torse porte deux plis qui se continuent jusqu'à sa base.

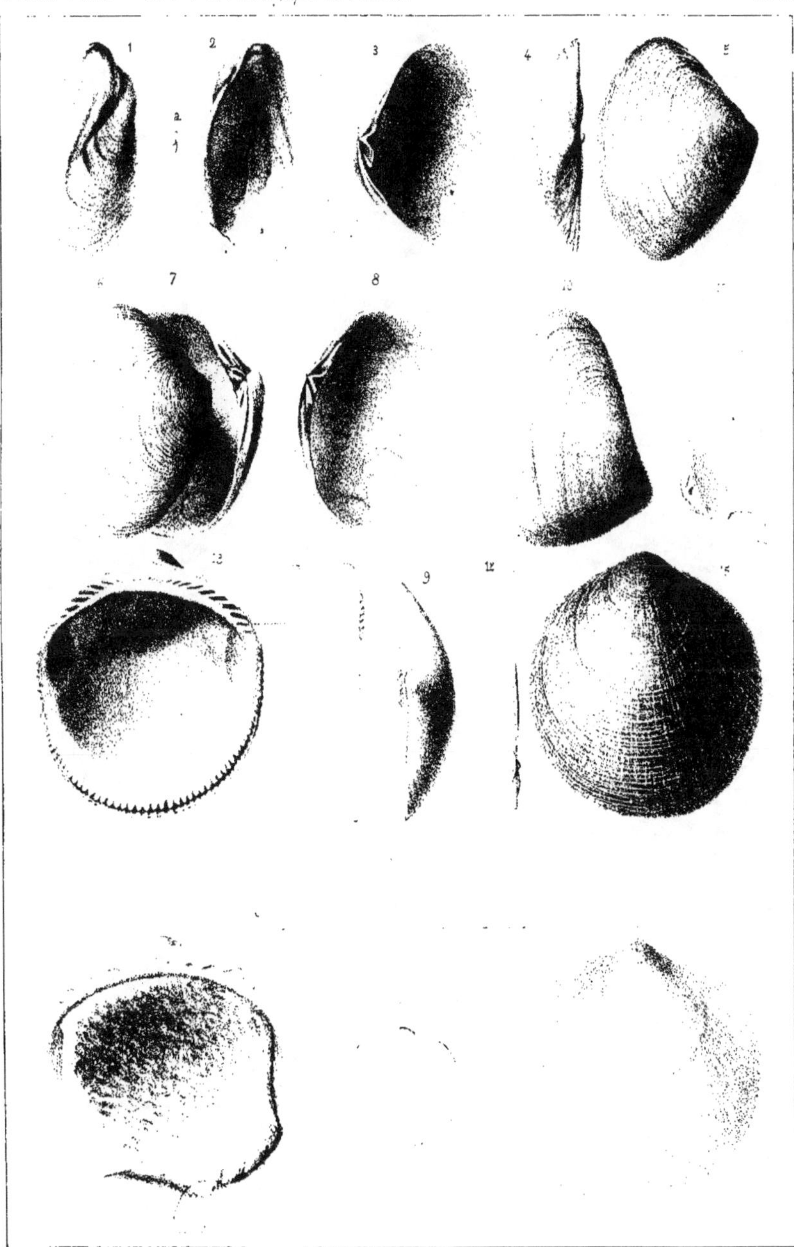

Gastrochæna bipartita, Wat.
Mactra Laudunensis
Cytherea suessionensis Desh.

Donax sublævis Wat.
Pectunculus ovatus
P. ________ tenuis Desh

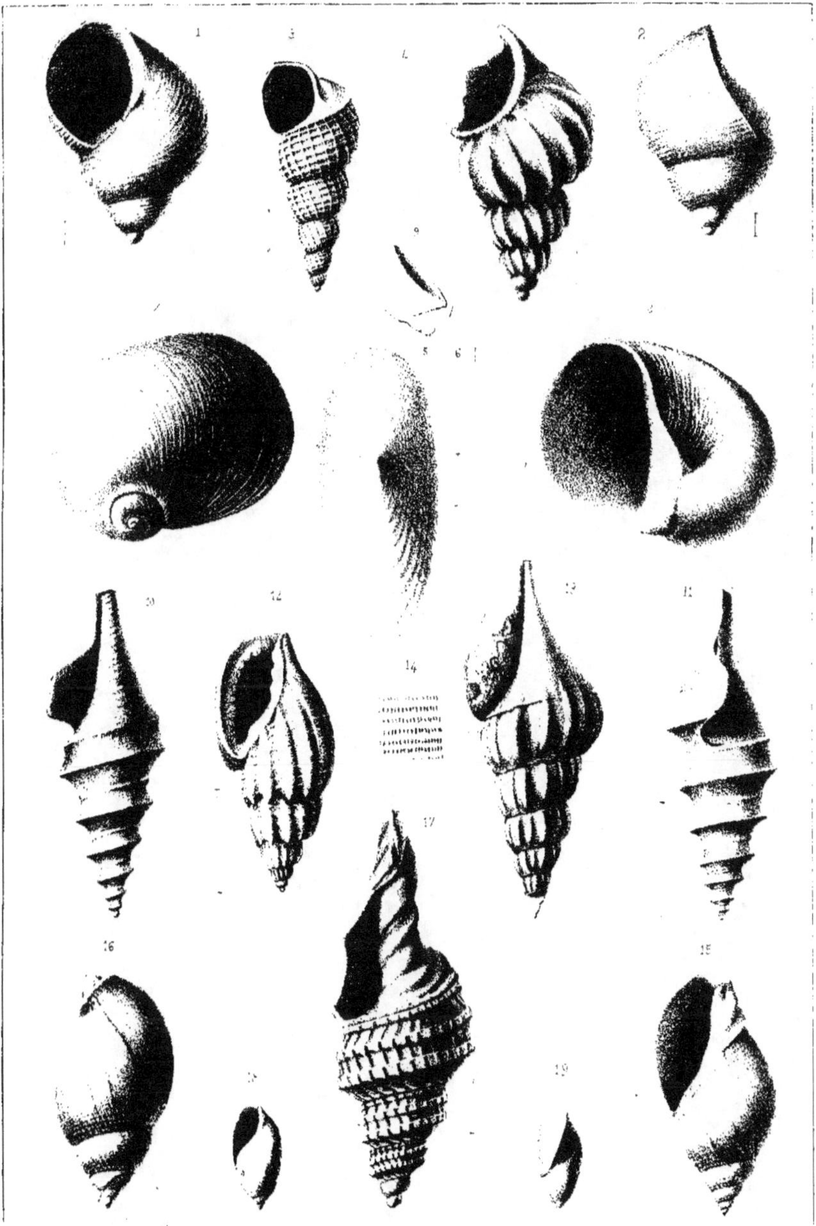

Lambert del. Place Royale 21 Paris.

Littorina elegans Wat.
Scalaria cerithiformis Wat.
S. ______ multicaria
Parmophorus arenarius
Natica infundibulum.
Pleurotoma bicarinata

Cancellaria diadema Wat.
Rostellaria inæquicostata
Buccinum acres Wat.
Turbinella ornata
Melanopsis ovularis Desh.

CATALOGUE DE FOSSILES.

www.ingramcontent.com/pod-product-compliance
Lightning Source LLC
LaVergne TN
LVHW021912180726
843502LV00008B/3031